上海·万国建筑
手绘游记

朱丽　檀文迪　廉文山　唐晨辉　著

中国建材工业出版社

图书在版编目（CIP）数据

上海·万国建筑手绘游记 / 朱丽等著．—北京：中国建材工业出版社，2013.9
ISBN 978-7-5160-0568-2

Ⅰ．①上…　Ⅱ．①朱…　Ⅲ．①建筑艺术—速写—作品集—中国—现代②随笔—作品集—中国—当代　Ⅳ．①TU-881.2 ②I267.1

中国版本图书馆 CIP 数据核字（2013）第 198939 号

内 容 简 介

要熟悉一个城市，去认识这个城市具有代表性的建筑是至关重要的。作为一本上海的手绘版随笔游记，其意义在于以作者的眼睛来观察上海这座繁华都市，借由作者的笔为相机记录着这座城市的风华烟云、世事变迁，用黑白线条刻画着属于这座城市的历史与沧桑。通篇以建筑速写和随笔的形式，自由而随性地记录着这座作为万国建筑城市日新月异的变化，展现上海这座不夜城各个角落经典的、新兴的、没落的代表性建筑和景观。

本书适合建筑、环境艺术和其他设计等相关领域的师生和旅游收藏爱好者，对于学习参考、旅游指导、阅读和欣赏都有较高的实用价值。

上海·万国建筑手绘游记
朱丽　檀文迪　廉文山　唐晨辉　著

出版发行：中国建材工业出版社
地　　址：北京市西城区车公庄大街 6 号
邮　　编：100044
经　　销：全国各地新华书店
印　　刷：北京鑫正大印刷有限公司
开　　本：787×1092mm　1/16
印　　张：9.25
字　　数：255 千字
版　　次：2013 年 9 月第 1 版
印　　次：2013 年 9 月第 1 次
定　　价：59.00 元

本社网址：www.jccbs.com.cn
本书如出现印装质量问题，由我社发行部负责调换。联系电话：（010）88386906

【写在前面】

上海印象 ——

要熟悉一个城市，去认识这个城市具有代表性的建筑是至关重要的。

作为一本上海的手绘版随笔游记，其意义在于以作者的眼睛来观察上海这座繁华都市，借由作者的笔为相机记录着这座城市的风华烟云、世事变迁，用黑白线条刻画着属于这座城市的历史与沧桑。

这本手绘游记通篇以建筑速写和随笔的形式，自由而随性地记录着这座作为万国建筑城市日新月异的变化，展现上海这座不夜城各个角落经典的、新兴的、没落的代表性建筑和景观。本书适合建筑、环境艺术和其他设计等相关领域的师生和旅游收藏爱好者，对于学习参考、旅游指导、阅读和欣赏都有较高的实用价值。

本书作者均在上海生活过不同时日，短至三五月，长至四五年，这本游记也是他们脑海中不夜上海的一种记忆定格。

谨以此书，献给与上海有过种种记忆和故事的朋友们。

王飞　朱丽

2013年5月于唐山

嘉定区
宗家宅桥
工业河桥
华家宅
大华
甘泉公园
甘泉路
上海西站
G42
普陀区
静安
白鲸表演馆
长宁区
长宁路
S20
新华路
上海虹桥机场
古北
徐汇区
龙柏
虹桥
田林
松江区
S20
漕河泾
新龙路桥
闵行区

凉城
大柏树
同济大学
杨浦公园
闸北公园
和平公园
虹口区
杨浦区
平凉路
浦东大道
上海海事大学
东方明珠塔
外滩
梅园
黄浦区
上海城隍庙
浦东新区
世纪公园
卢湾区
董家渡
南浦大桥
龙阳路立交桥
范家宅
卢浦大桥
中国国家馆
南新桥

【目 录】

黄浦区

浦东新区

虹口区

徐汇区

卢湾区

静安区

杨浦区

长宁区

其　他

黄　浦　区

S H A N G H A I

上 海 · 万 国 建 筑 手 绘 游 记

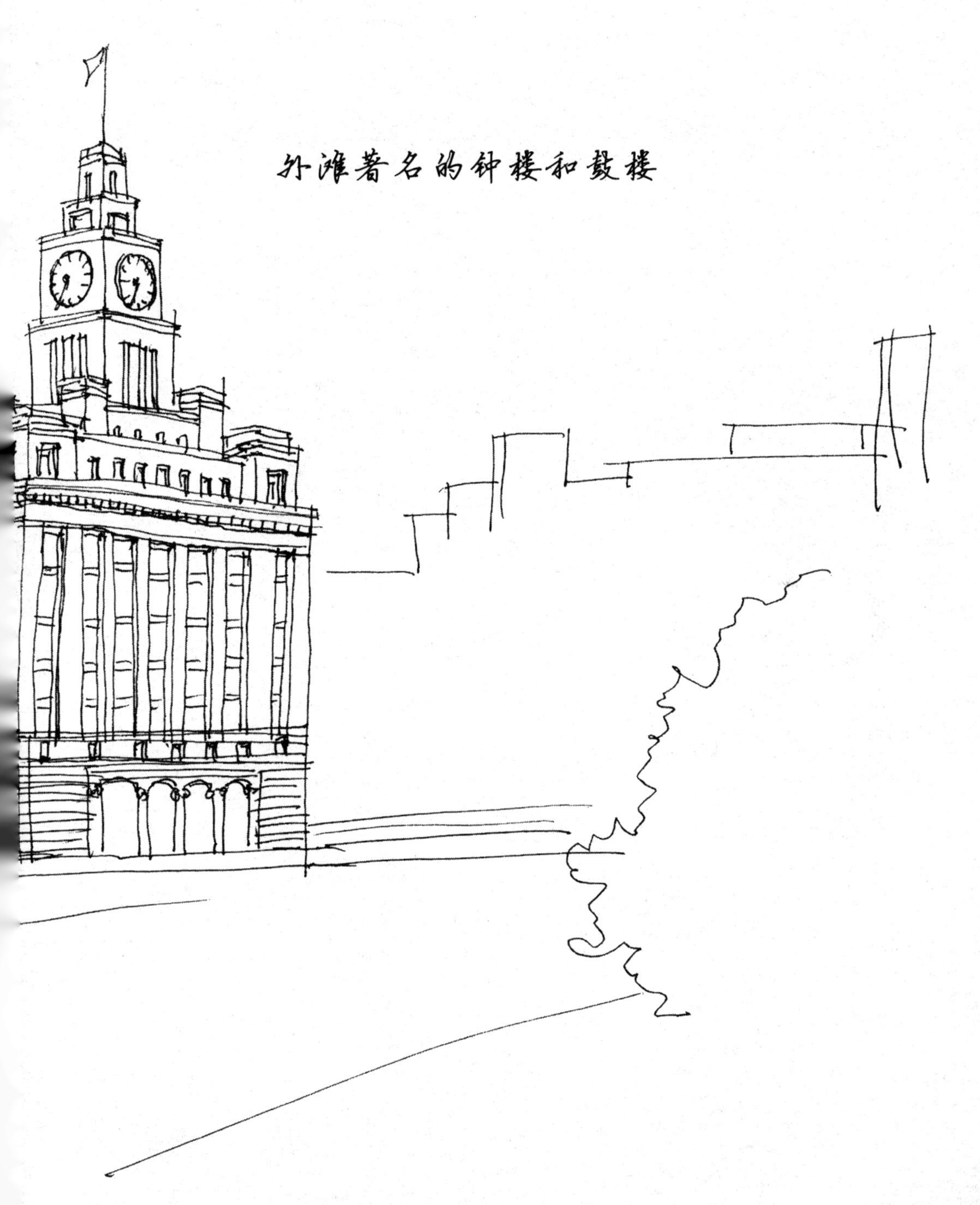
外滩著名的钟楼和鼓楼

黄浦江跨江渡轮

来到外滩有机会一定要体验一下乘渡轮的感觉，无论乘坐游览观光的渡轮还是体验一下只花几块钱挤在只是为了渡江的大众渡轮里，都会有不一样的心情。

和平饭店

周润发著名的电影《和平饭店》使得这座建筑名声大噪。

沙逊大厦

旅游观光车

因世博会而开始的观光车，一张票48小时随时上下车，还配有讲解，又便宜又方便，真的特别适合旅游者。

上海美术馆

南京西路325号，不定时的艺术品展览和画展，是值得经常光顾的地方。

上海博物馆

人民大道201号，以青铜鼎为造型，稳重大方，内有藏品无数，是人民广场最重要的景致之一。

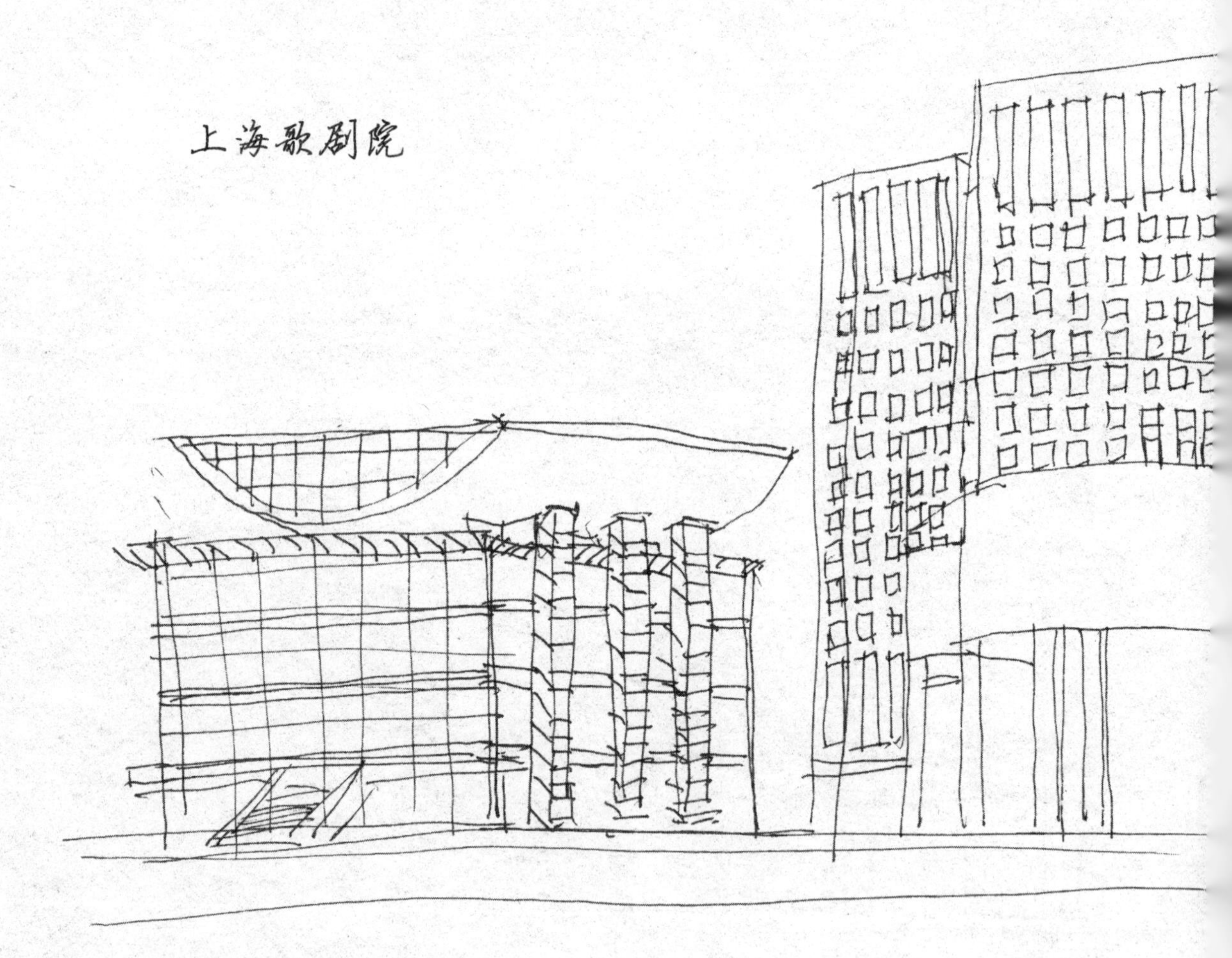
上海市政府
上海歌剧院

人民大道上最壮阔的风景线

上海城市规划展示馆

人民广场
上海著名的休闲广场，重要的交通枢纽节

点，视线开阔，风景秀美。

南京路步行街

杜莎夫人蜡像馆

南京西路2-68号，门面是非常普通不显眼的，但进到内部，看到栩栩如生的蜡像真的有一种时光穿梭的感觉。

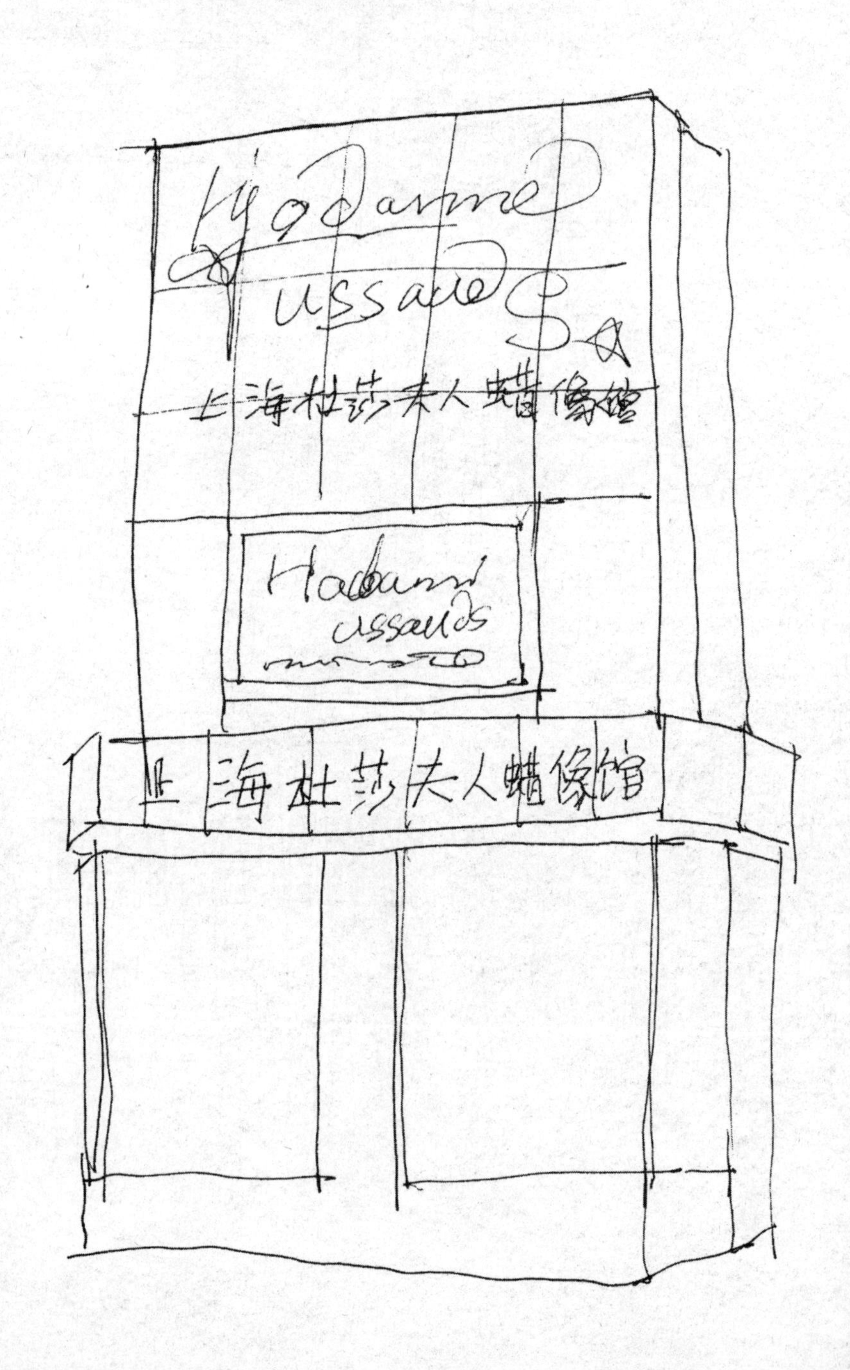

上海威斯汀大饭店

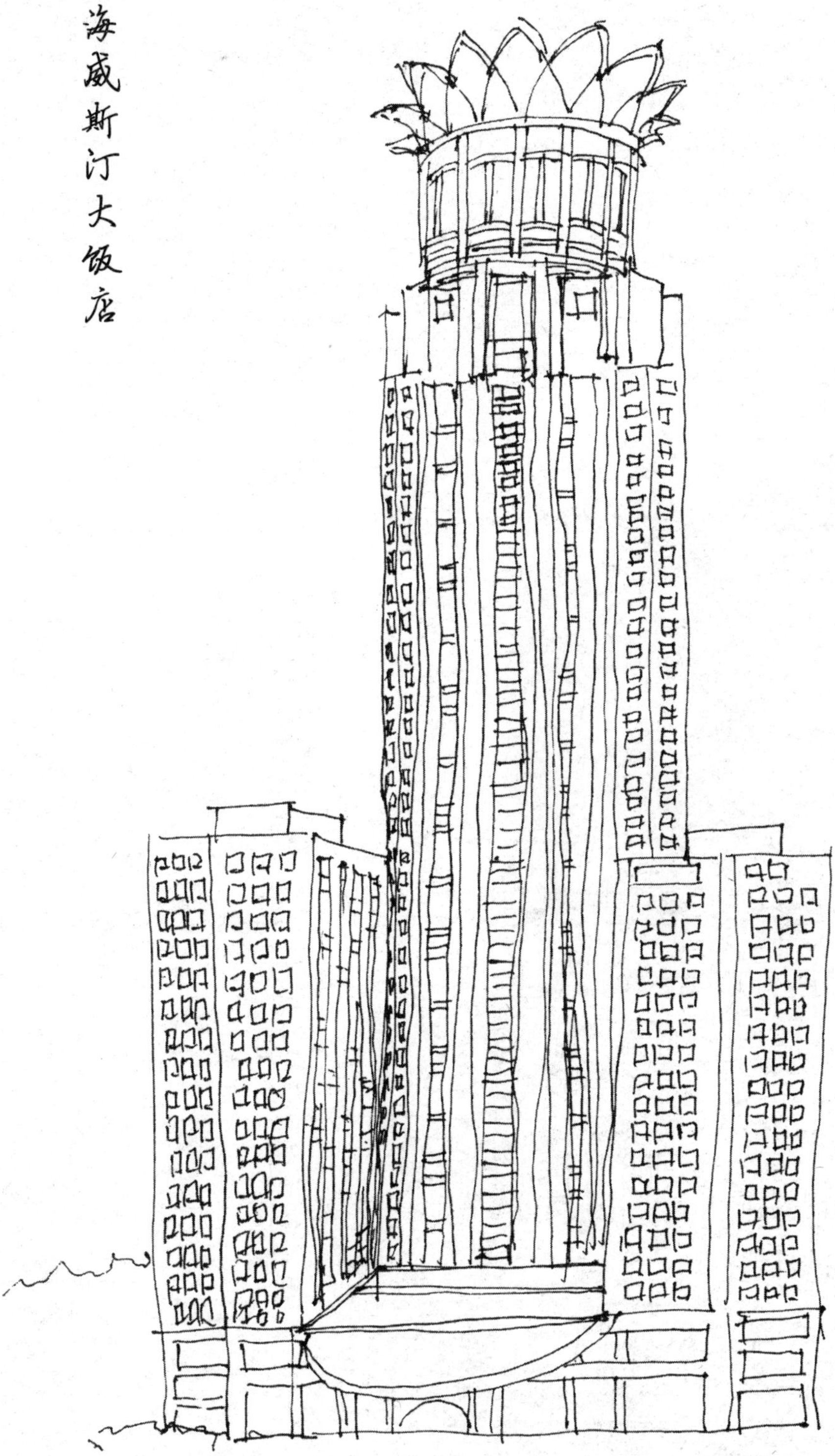

上海音乐厅

延安东路523号，谁也无法想象这座建筑是被整体搬迁的。

豫园

安仁街132号，上海市区内不多见的古式建筑园区，重檐、连廊、怪石、水塘无一不古韵，无一不精致。

上海老城隍庙

上海有名的观光胜地，附近有观光街市和城隍庙小商品城。

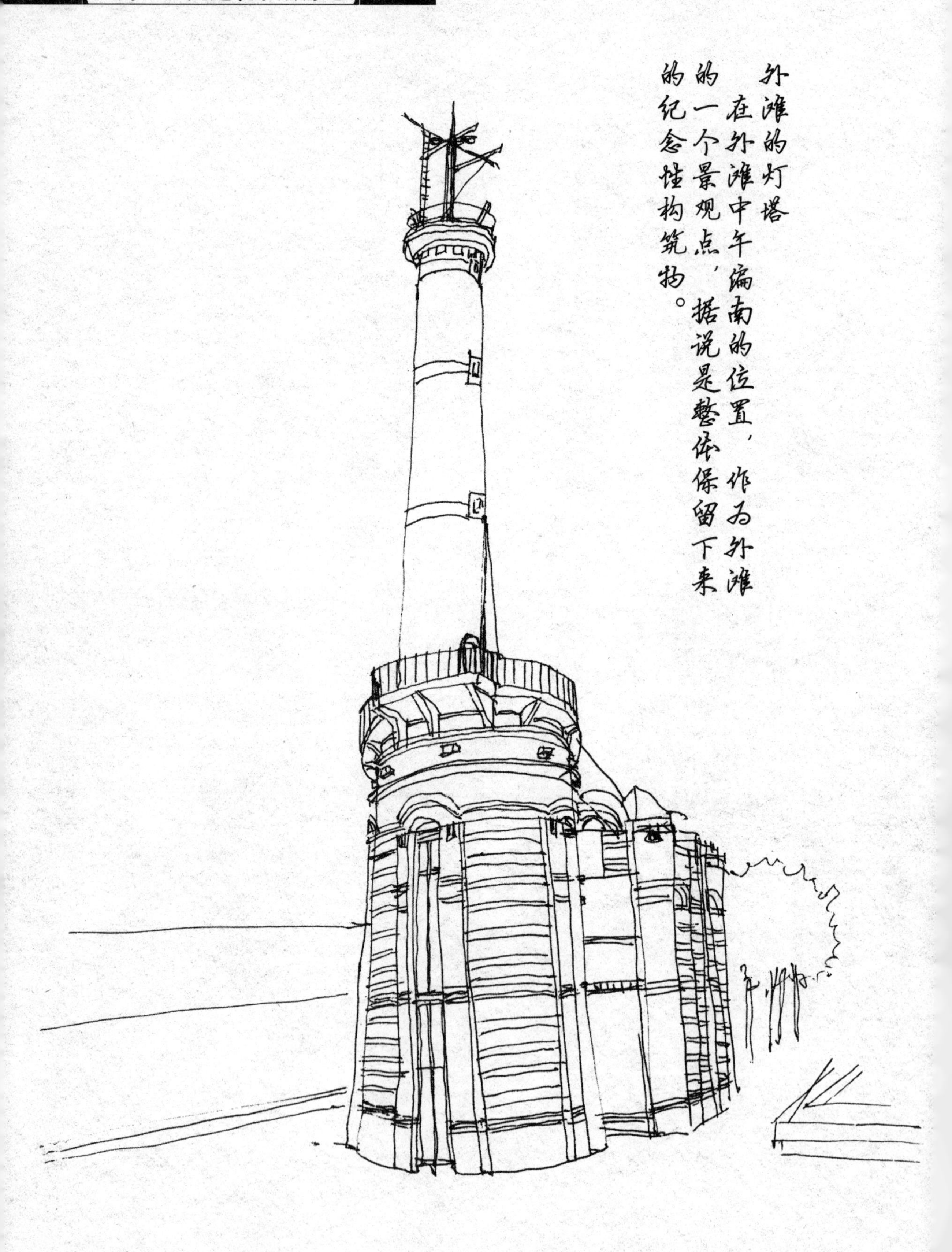
外滩的灯塔
在外滩中午偏南的位置，作为外滩
的一个景观点，据说是整体保留下来
的纪念性构筑物。

浦东新区

S H A N G H A I

上海 · 万国建筑手绘游记

浦东最地标性的

东方明珠

独一无二的三个红色金
球体为典型特征，兼顾电
塔、观光和旋转餐厅。

金茂大厦

金属质感的塔形建筑，在夜空中尤为绚丽。

环球金融中心

近年刚完工的超高型建筑，在国际上也很有名。

浦东国际机场

上海国际会议中心

世纪公园

小舞台，大片的绿地，音乐喷泉，节假日的烟火，周末或是空闲的时候可以和朋友到这里散散心。

正大广场

陆家嘴的正大广场外表看和浦东那些有特点的建筑不同，外观并不十分突出，但是内部商场布局却别有洞天，每一层都极具设计感。

上海科技馆

设计感十足的现代建筑，对科技和知识的普及具有强大的引导作用，非常值得一看。

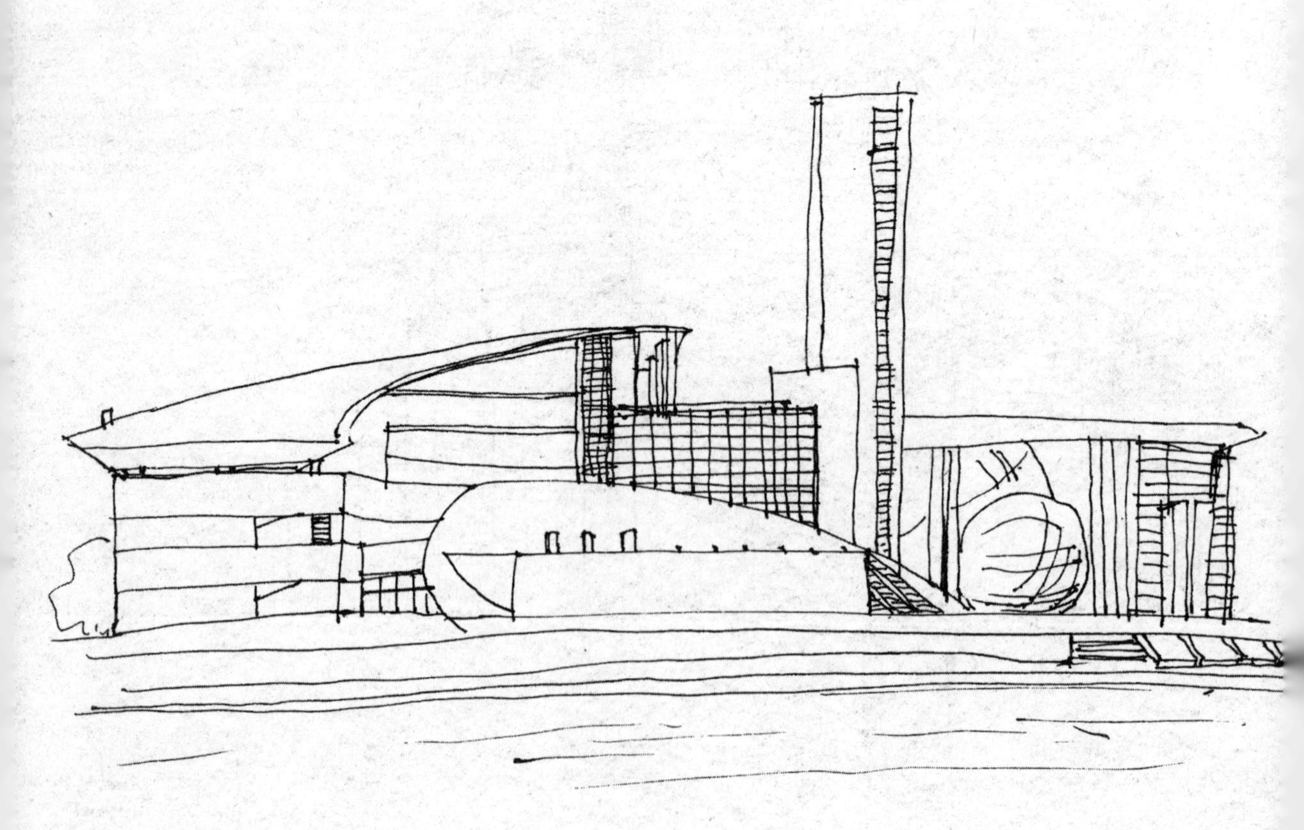

上海·万国建筑手绘游记

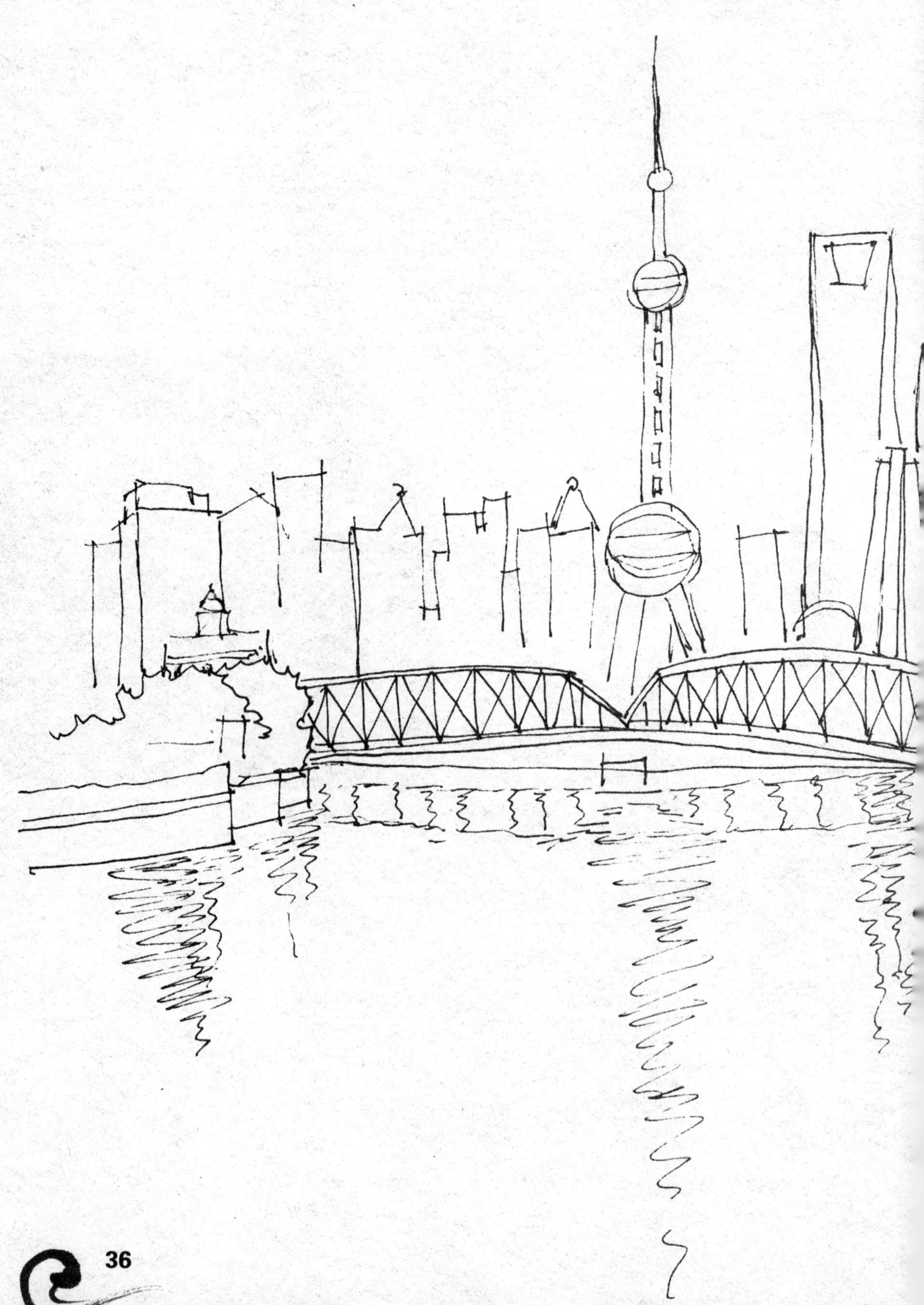

苏州河与外白渡桥

周迅拍的电影《苏州河》使其名声渐赫。在政府的治理下，这条臭水沟也变成了宜人的风景，沿河的废弃厂房也成了无数艺术爱好者的聚集地，而外白渡桥也成为摄影爱好者偏爱的拍摄场地。

苏州河畔的上海俄罗斯驻沪总领事馆

上海大厦
苏州河畔的标志性建筑

虹口足球场

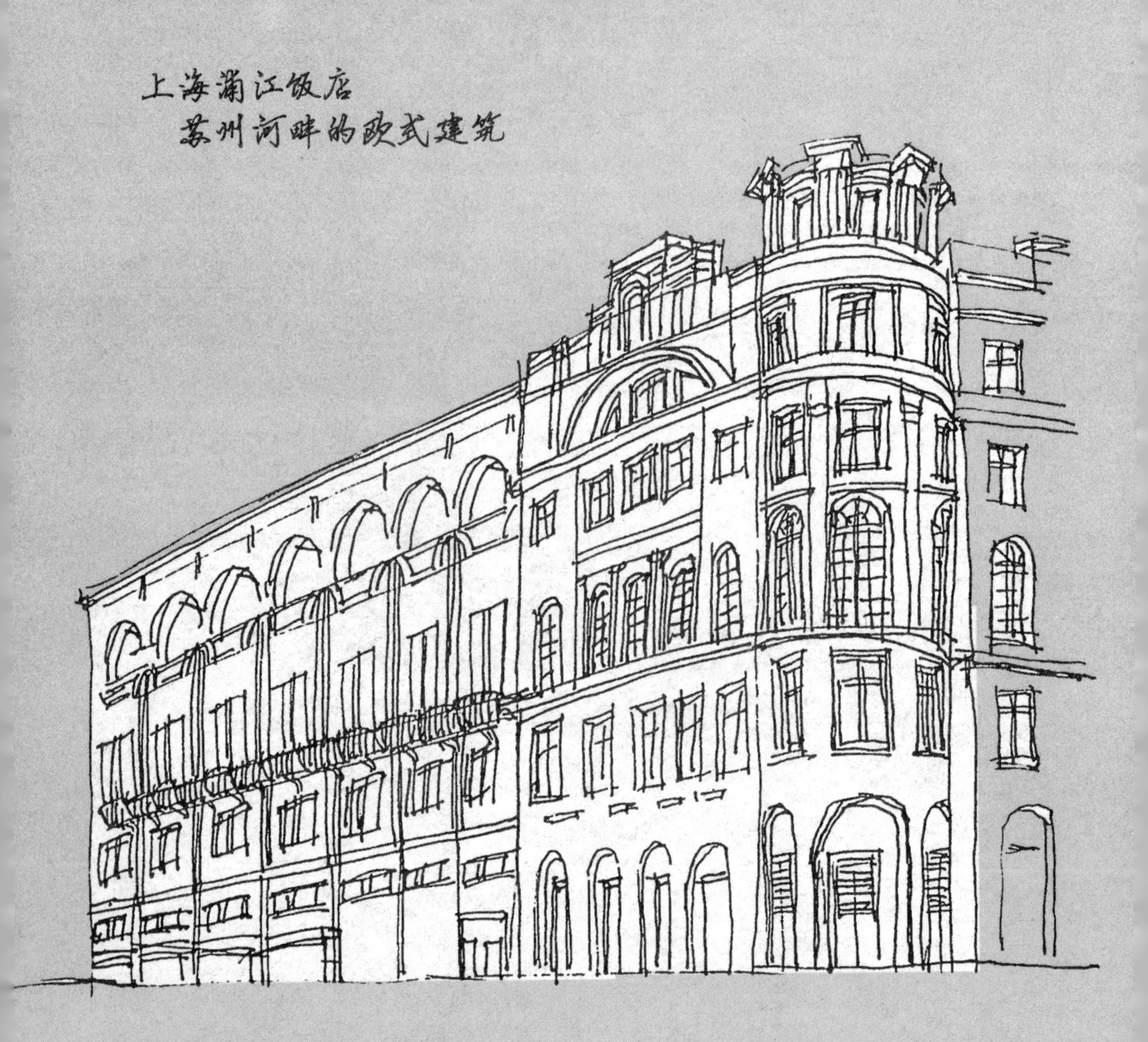
上海澜江饭店
苏州河畔的欧式建筑

徐 汇 区

SHANGHAI

上海·万国建筑手绘游记

徐家汇商圈

上海著名的商业中心，大型购物商超，均瑶大厦，汇聚各种电子产品的百脑汇，球形建筑美罗城和纵横遍布的地铁与商业通道。

徐家汇教堂

上海交通大学徐汇校区

上海名校之一，校园里有许多保存下来的古式建筑，很有历史感。

徐家汇公园

公园设计得非常现代，在徐家汇这个繁忙的商业密集区有这么一处休闲胜地尤显难能可贵，其平面规划是以上海地图为蓝本，有旱桥，有灯塔，有别墅，大香樟树，奇花遍布，绿荫满地，值得一去。

上海图书馆

淮海路1555号，逸村对面。

逸村

淮海路，上海图书馆对面，2号楼，蒋经国打“老虎”时的居所。

衡山路酒吧街

徐汇区衡山路酒吧街，体会典型上海不夜城的繁华景象。

“白公馆”

汾阳路150号，现上海宝莱纳餐厅汾阳路店。

“白宫”

汾阳路79号，现上海工艺美术馆。

犹太人俱乐部

汾阳路20号，上海音乐学院内。

丁贵堂与税务司公馆

汾阳路45号，现上海海关专科学校1号楼。解放前为税务司公馆。丁贵堂先生曾经入住此楼，后又被禁闭于此，抗战胜利后又再次入驻。

蒋东荣飞机楼

余庆路80号，蒋东荣曾居住的飞机楼。

孔祥熙旧居
永嘉路383号

宋子文旧宅

岳阳路145号，现上海老干部大学。

何世桢旧居

高邮路68号，现为上海电力公司宾馆。

土山湾博物馆

蒲汇塘路55-1号，普通的门面，不普通的价值。

西班牙老房子

天平路40号，现为上海文艺医院。

宋庆龄故居
淮海中路1843号

洋行潘家

淮海中路1131号

张学良故居

复兴公园皋兰路1号，酝酿过西安事变的地方，现为荷兰领事馆。

梅兰坊

上海最后的老胡同，这里保留着典型的上海民居特色，如矮小的门口，木质楼梯和很有上海特色的竖向晾衣架。

东正教堂
新乐路55号

上海·万国建筑手绘游记

中共一大会址　黄陂南路374号

花园饭店

茂名南路58号，少有的室内柱子上有裸女浮雕的私家别墅。

峻岭公寓

茂名南路87号，其实峻岭公寓是这片地方建筑的统称，不是单指哪幢公寓。图为现锦江饭店贵宾楼。

法国学校

南昌路47号，现上海市科协。

新天地

上海著名休闲旅游景点，有很多有特点的商铺和咖啡馆，是富有小资情调的地方。

马立斯花园

瑞金二路118号，现瑞金宾馆1号楼。

三井花园

瑞金二路118号，现为瑞金宾馆4号楼。

周公馆

思南路73号，现中共代表团驻沪办事处纪念馆。

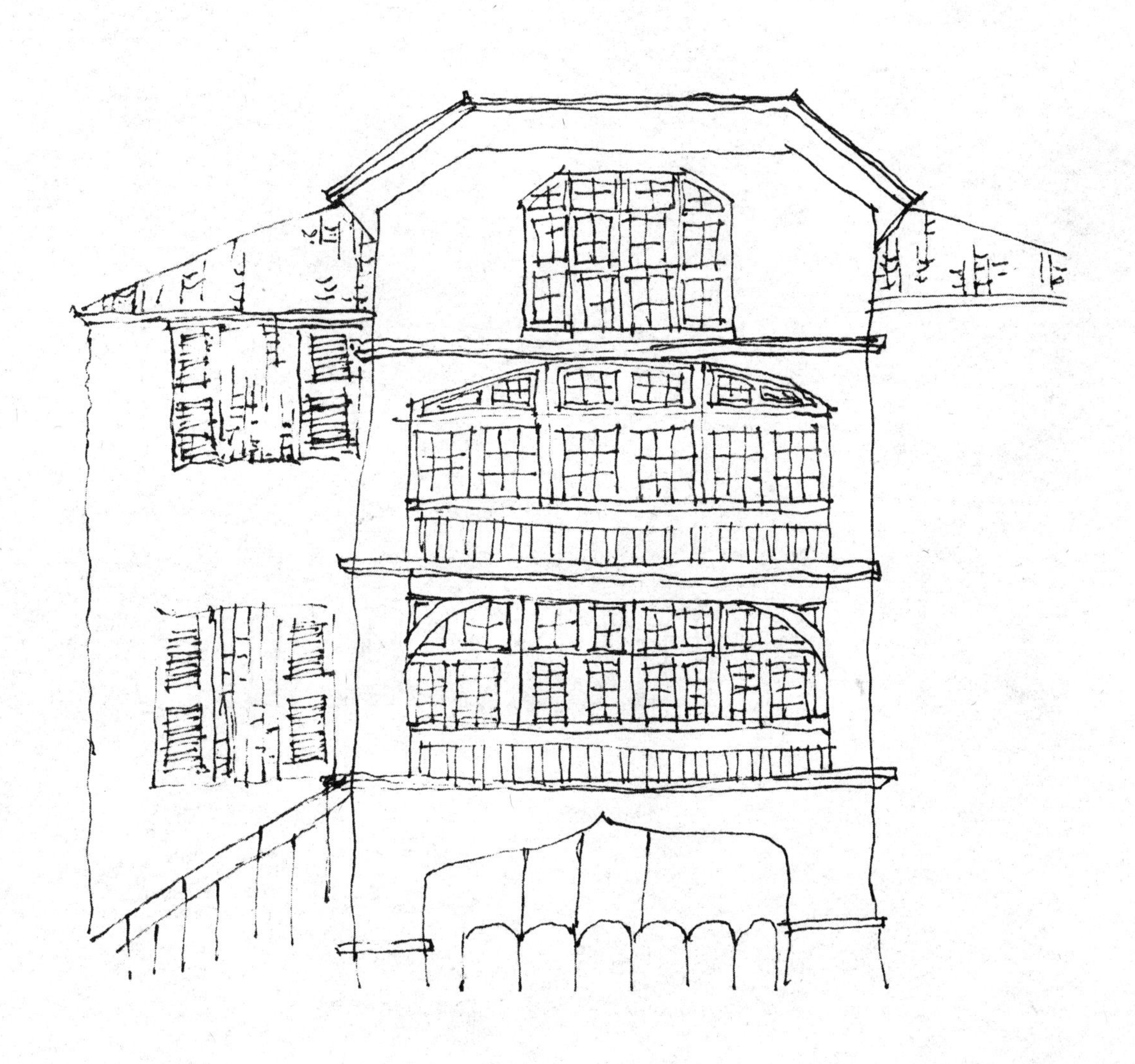

宋子文藏公馆

淮海中路1517号，罗马风格花园洋房。现为日本领事馆总领事官邸。

孙中山故居纪念馆

香山路7号，西班牙风格花园洋房，是南阳华侨商人赠送给孙中山先生的。

"龙柱"

延安路成都路交叉口让人眼花缭乱的高架桥，其中巨大的龙柱不仅起到支撑作用，还有着神奇的传说。

世博会中国馆

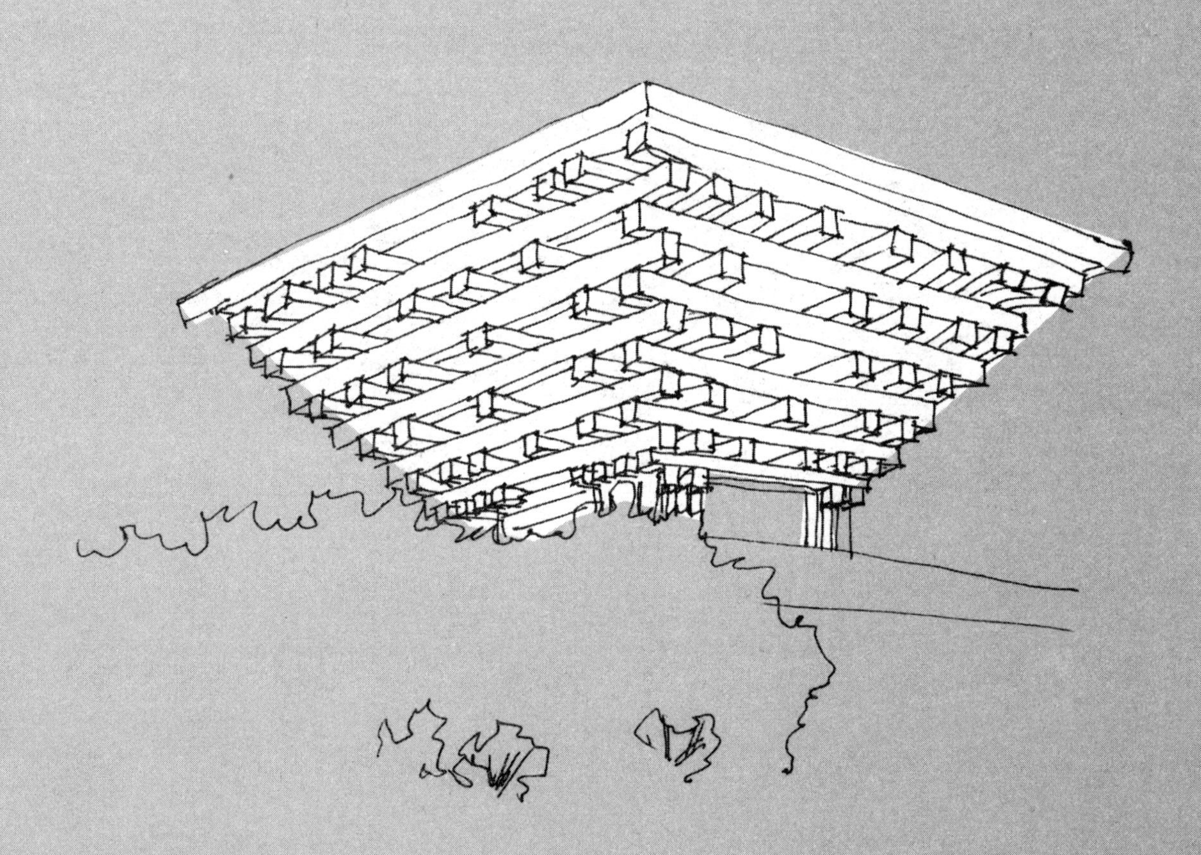

朱公馆

绍兴路5号，曾经有教堂的朱公馆，现为上海市新闻出版局。

静 安 区

S H A N G H A I

上海 · 万国建筑手绘游记

静安寺

上海市中心唯一也是非常著名的寺庙，香火很旺。金色的寺顶，黄色的院墙给城市间增添一股不食人间烟火的意味。马路对面空旷的广场下有很大面积的地下商业街。

百乐门

愚园路218号，大上海著名的百乐门是一座歌舞娱乐场所，也捧红了老上海众多的歌舞明星，因其夜夜笙歌也使上海这座城市被誉为"不夜城"。

嘉道理花园

延安西路64号，解放前是英籍犹太人埃利·嘉道理居住的，现为中国福利会少年宫。

上海商城

美国设计师设计的现代建筑，三面围合的高大形体犹如三只握拳向上的手臂，很有力量感。

恒隆广场

透亮的现代高端商场，清透的玻璃在夜晚更显安静和游离。

上海展览中心

典型俄罗斯风格建筑，长廊似一双环抱的手圈起一片宽敞的场地。

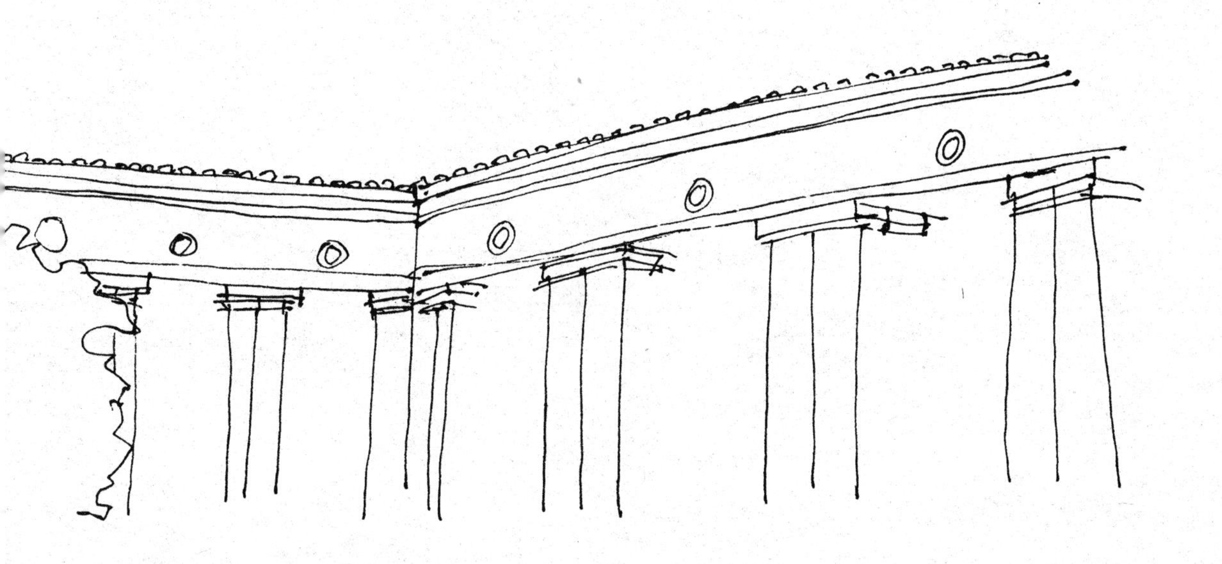

宋家花园

陕西北路369号，现中福会老干部活动室。

朱家花园

康定路759号，现为静安区政协办公楼，法兰西风格的洋楼。

蒲园

长乐路570弄

藏宝之地

宝礼堂

长乐路666号，现上海厚诚口腔医院。

马勒旧居

延安中路陕西南路著名的建筑，其庞大体积和别致的外装饰在延安高架路边就很容易看到，现为衡山马勒别墅饭店，据说是依据商人小女儿的梦境所绘，也给这座特殊的建筑赋予了梦幻般的色彩。

邱家花园

威海路414号，中世纪古堡式建筑，据说邱家在花园内还养过老虎和蟒蛇。

杨 浦 区

SHANGHAI

上海 · 万国建筑手绘游记

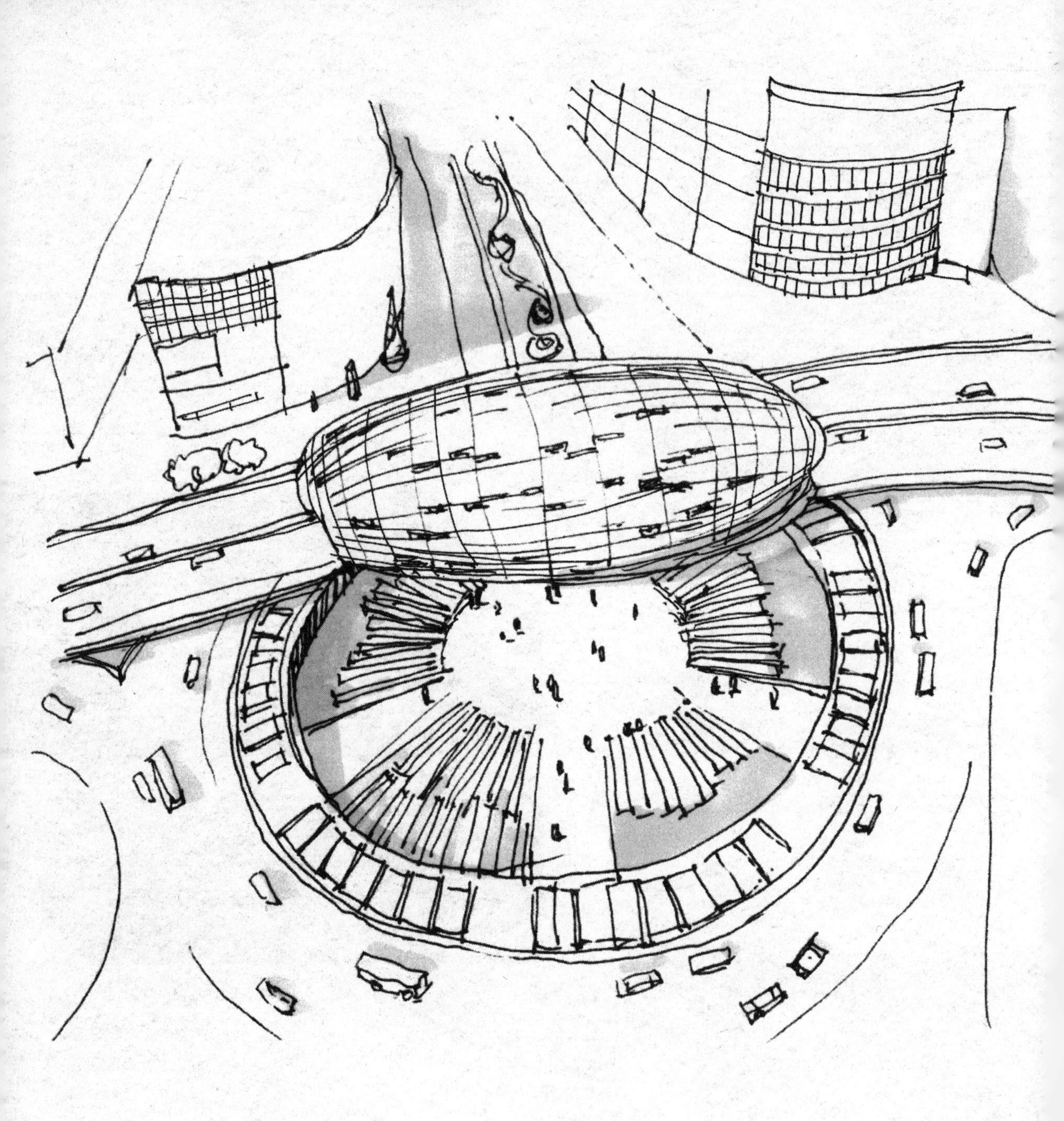

五角场

杨浦区著名商圈，很有特点的是近些年修建完成的“蛋”形通道。

旧上海特别市政府大楼

长海路399号，在上海体育学院内，是中国近代史上具有历史纪念意义的近代中式建筑。

复旦大学杨浦校区

国内乃至国际上都有盛名的高校。

上海·万国建筑手绘游记

兴国宾馆

兴国路72号，曾经的老外豪宅。

刘海粟美术馆

坐落于虹桥开发区，集美术展览馆与名人纪念馆为一体。虽然外表很不起眼，但在中国美术史上具有重大意义。

东华大学延安路校区

211工程重点高校，原名中国纺织大学，其纺织与服装专业在全国属于龙头学科，更有服装表演专业成为校园一道靓丽的风景。

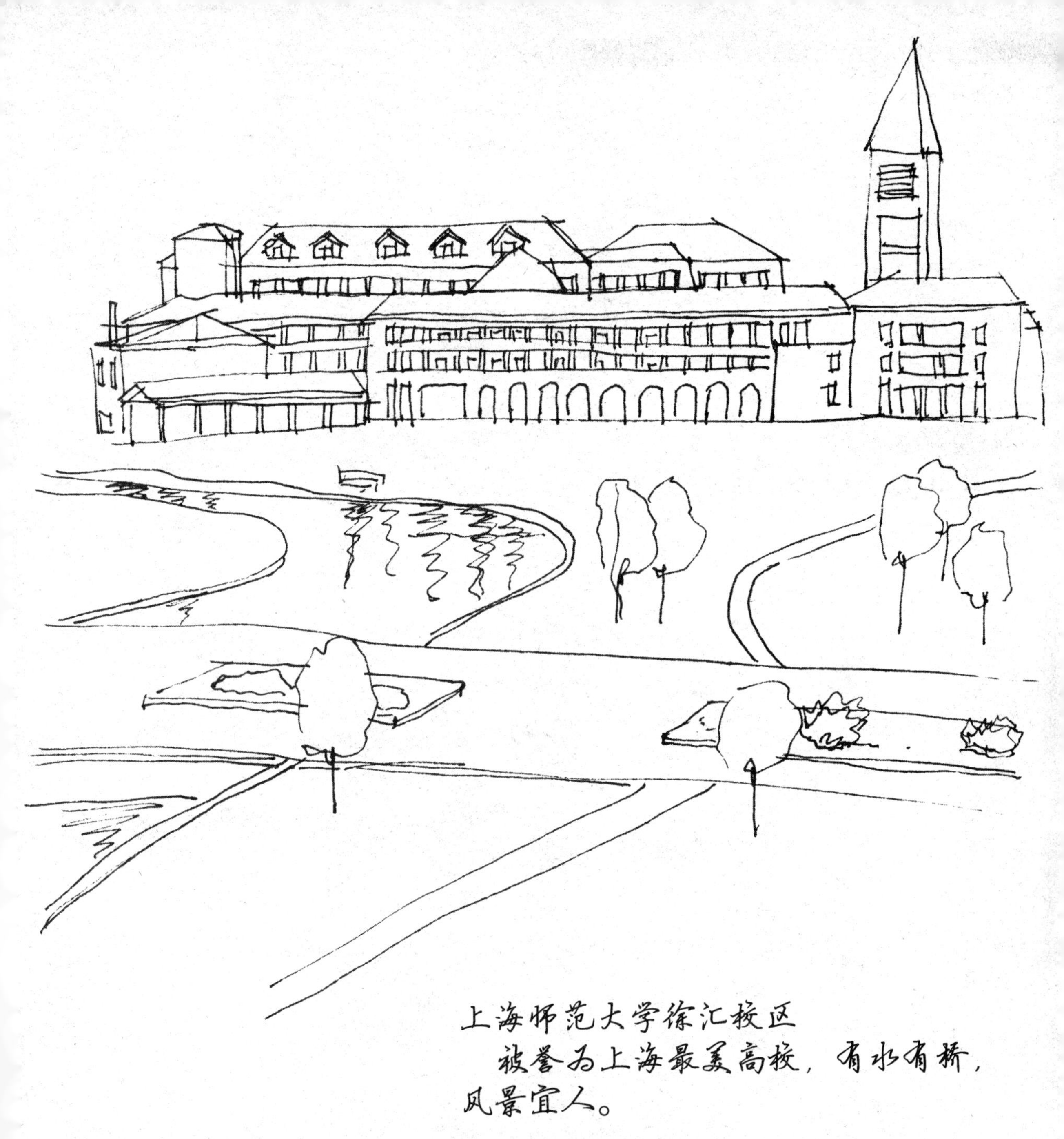

上海师范大学徐汇校区

被誉为上海最美高校，有水有桥，风景宜人。

孙伯群花园

华山路1220弄6号，现绅公馆。

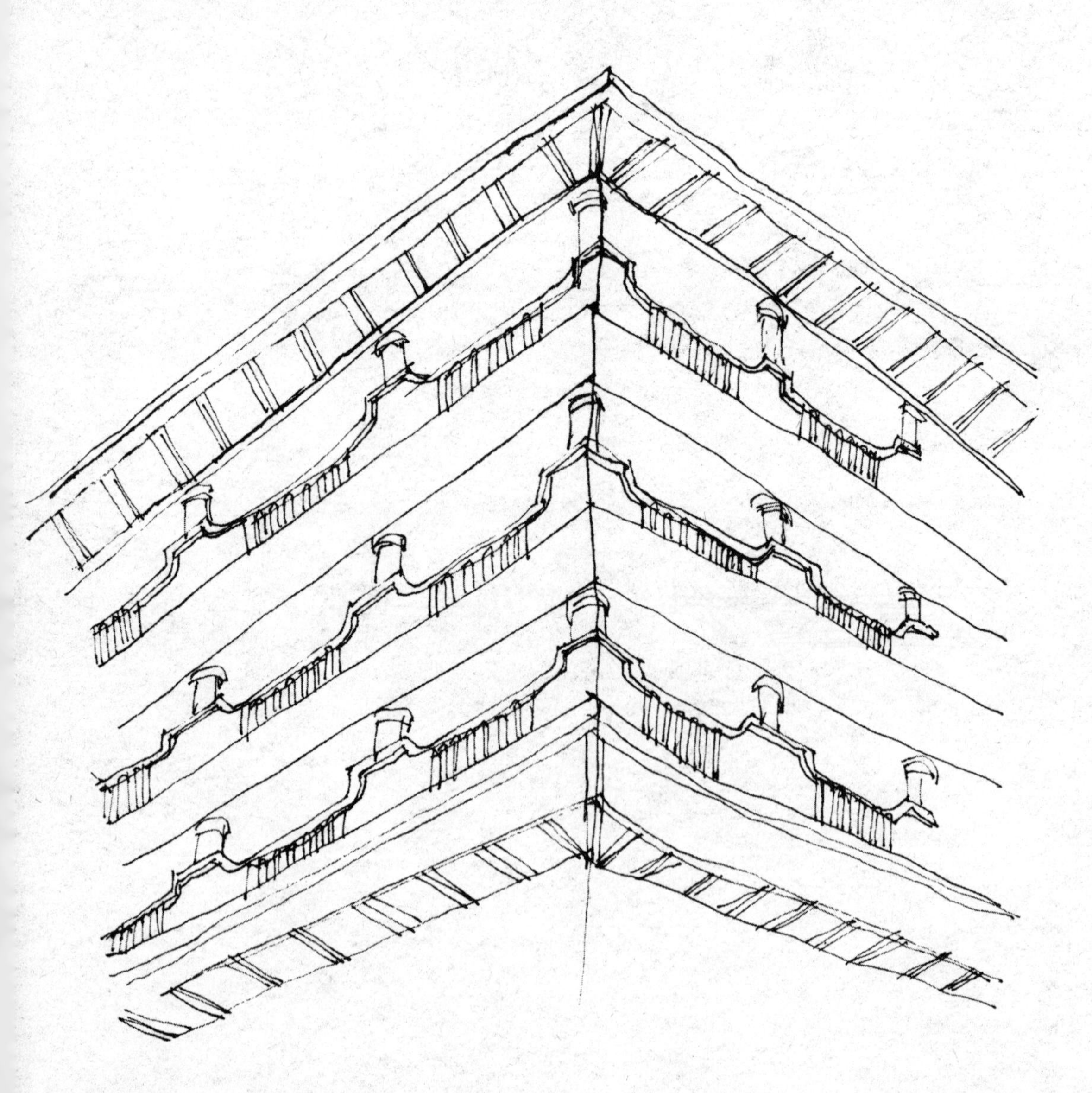

丁香花园3号楼

华山路849号，李经迈曾居住的地方。

用"玉玺"压咸菜的叶家

华山路1220弄10号，曾经的叶家旧宅。

孙家花园
华山路831号

郭棣活两次捐献的豪宅

华山路893号，现为市工商联机关。

虹桥路上海国际贸易中心

上海世贸展馆

新虹桥广场

很有特点的环形建筑围合不大的广场，对面的展厅不定期举行各种有意思的展览，值得一看。

虹桥迎宾馆

沙逊别墅

长宁区虹桥路2409号，现龙柏饭店1号楼。

上海动物园

波普风格的大门，玩耍的大象形象非常童趣。

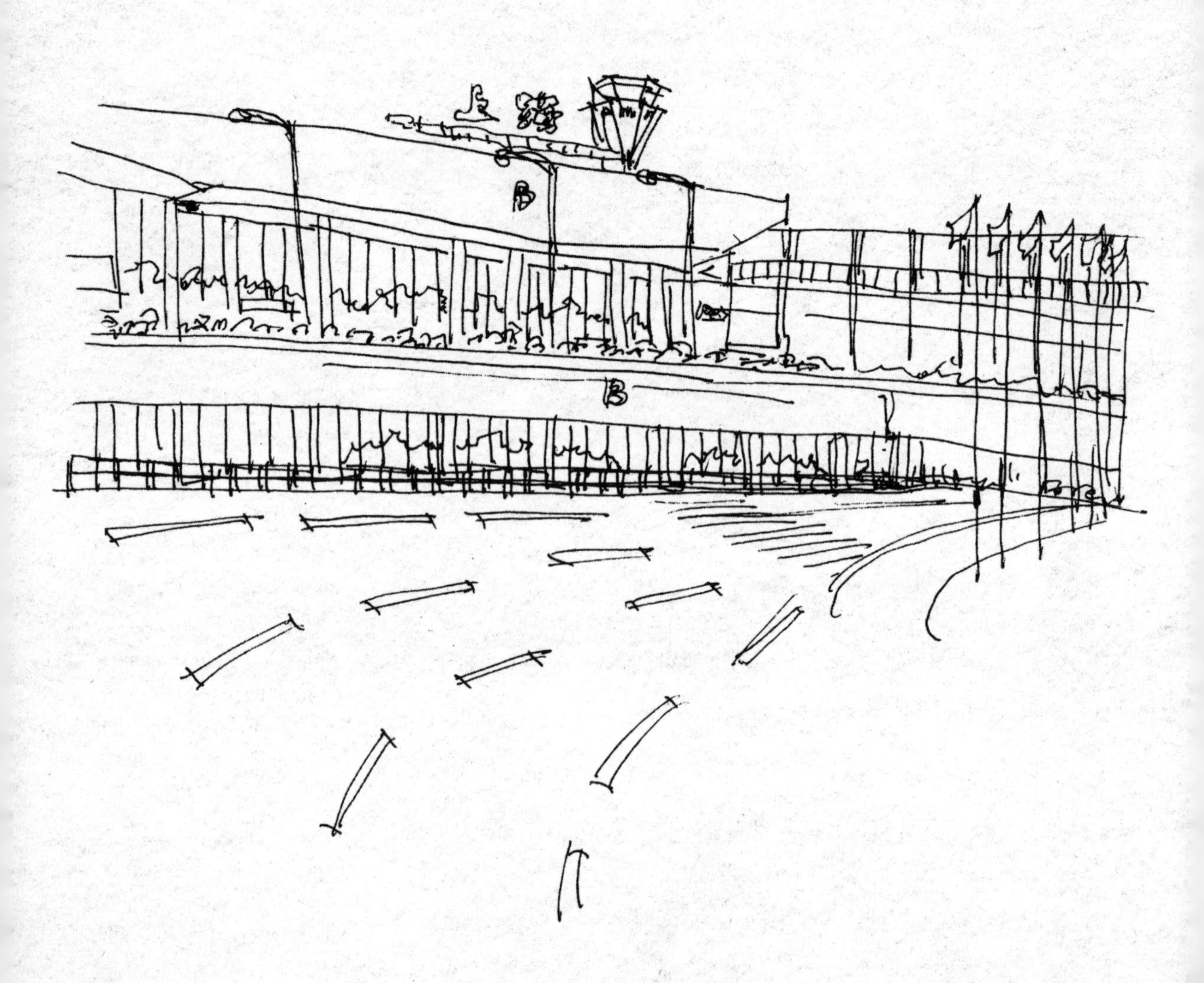

虹桥机场

汪公馆

长宁区愚园路1136弄31号，现少年宫。

西郊会议中心

其他

SHANGHAI

上海·万国建筑手绘游记

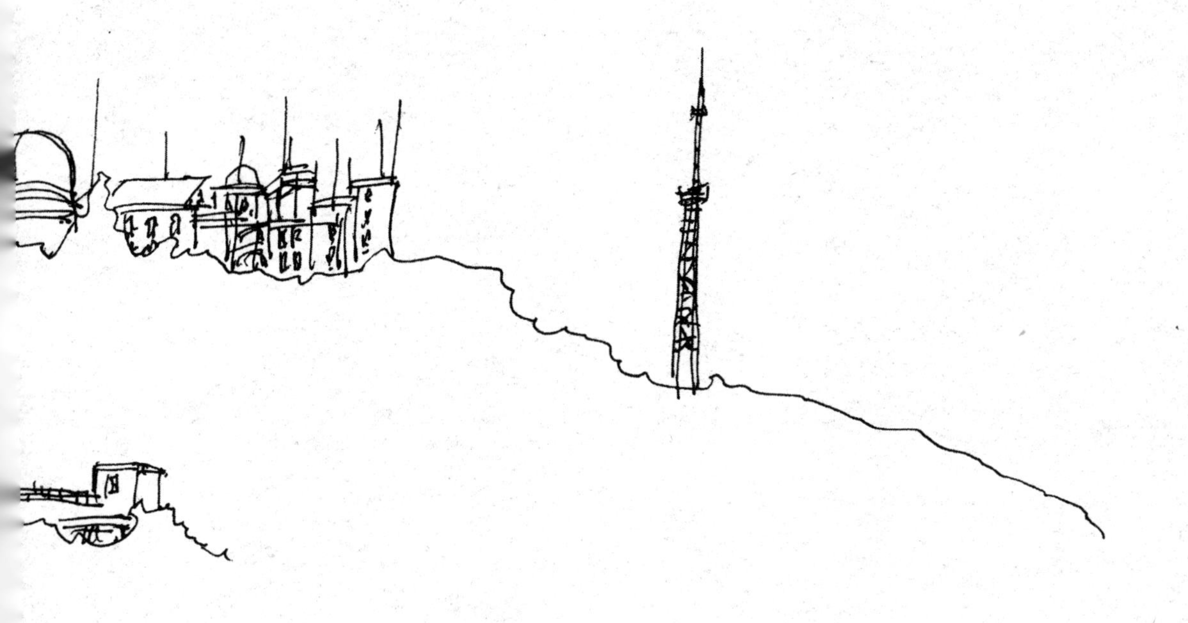

佘山国家森林公园

此“佘山”非“蛇山”，位于上海西边松江区。山顶有圣母教堂和天文台，山下有潺潺小溪流水，景致优美。现有欢乐谷入住，是休闲与娱乐为一体的好去处。

崇明岛东平国家森林公园

位于上海东边入海口的崇明县的崇明岛，是单独的一处岛屿，崇明岛东平国家森林公园是休闲度假的不错选择，鸟语花香和参天的水杉，形成天然的氧吧。

七宝古镇

闵行区近年新开发的古镇旅游景观，除了个别地方有翻新外，还是保留了古镇原有的自然景观，值得一看。

法华塔
嘉定区南大街349号

上海国际F1赛车场
嘉定区伊宁路2000号

上海火车站

上海火车站分上海站、上海西站和上海南站，通常所说的上海火车站是闸北区秣陵路303号，现代建筑形式，白色玻璃幕墙，分南北两个出入口，宽阔的南广场记载了许多游子的旅程。

【后记】

余味 ——

上海优秀的建筑何其繁多，本书仅能展现其一二。

这本书是大家共同努力的成果，这些手绘随笔记录了几位作者在上海的不同记忆和印象，也是其感情凝聚后的结晶。

我们在整理和编撰的过程中，力求完美地体现上海这座魅力之都最具代表性和特色的建筑，再现其“万国博物馆”的盛名。奈何限于时间与空间，未能更好地为读者展现更多、更美的上海印记，深以为憾。

本书各种不足，望各位读者海涵，并予以斧正。

致谢！

朱　丽

2013年5月于唐山

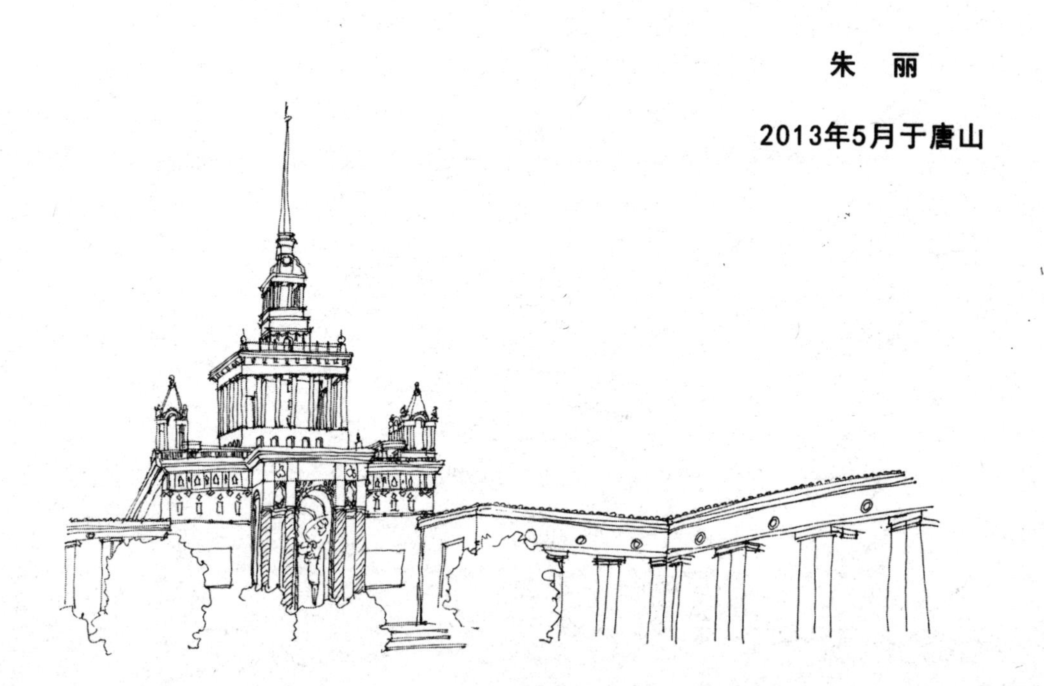